高等院校艺术学门类"十四五"系列教材

建筑速写与写生

JIANZHU SUXIE YU XIESHENG

主 编 史 青 徐 伟

副主编 郑湘凌 盛雪妍

华中科技大学出版社
http://www.hustp.com
中国·武汉

内 容 简 介

本书是由建筑学、环境设计等设计领域富有经验的学者和老师辛苦撰写，内容翔实、层次清晰、图文并茂。《建筑速写与写生》共 6 章，由浅入深、循序渐进、全面地介绍了建筑速写与写生的方法，其中详细介绍了速写工具的选择，线条及肌理表现的练习，以及透视、配景与构图的方式，并配有绘图步骤。

本书可以作为高等院校建筑学、城市规划、环境设计、室内设计专业学生的自学参考书，也可以作为从事相关设计的艺术爱好者的学习用书。

图书在版编目(CIP)数据

建筑速写与写生/史青，徐伟主编. —武汉：华中科技大学出版社，2022.7
ISBN 978-7-5680-8496-3

Ⅰ.①建… Ⅱ.①史… ②徐… Ⅲ.①建筑艺术-速写技法 Ⅳ.①TU204.111

中国版本图书馆 CIP 数据核字(2022)第 120947 号

建筑速写与写生 史青 徐伟 主编
Jianzhu Suxie yu Xiesheng

策划编辑：彭中军
责任编辑：刘姝甜
封面设计：孢 子
责任监印：朱 玢

出版发行：华中科技大学出版社(中国·武汉) 电话：(027)81321913
　　　　　武汉市东湖新技术开发区华工科技园 邮编：430223
录　　排：武汉创易图文工作室
印　　刷：湖北新华印务有限公司
开　　本：880 mm×1230 mm 1/16
印　　张：6
字　　数：161 千字
版　　次：2022 年 7 月第 1 版第 1 次印刷
定　　价：39.00 元

前言

　　建筑速写与写生是高等院校建筑相关专业和环境设计专业学生必修的重要课程,在大学课程的安排中起到一定的从基础到专业的衔接与过渡作用。建筑速写是写生考察的一个重要环节,通过写生能够提升我们的观察能力,培养迅速描绘目标物体的临场反应能力,它要求短时间内用简练的线条画出目标物体的形态特征与风格特点。这对我们训练准确、迅速的设计构思表达十分有益。我们在欣赏建筑大师的建筑作品时,也看到他们留下了大量生动的建筑手绘作品,这些作品成为人类艺术中的瑰宝。

　　随着科学技术的不断进步,计算机辅助设计软件的出现给传统手绘设计表达带来了冲击。人们开始忽视手绘的重要性,甚至认为先进的设备可以完全替代建筑手绘,其实不然。虽然计算机辅助设计已经在建筑及各大设计领域普及,但这些设备无论多先进,其绘制设计图都是人为操作的机械行为,而设计的过程是创造性的思维过程,是设计者主观意识形态的反映,设计者在灵光乍现的时刻,及时徒手表现可以瞬时地捕捉住这些灵感,这些是计算机辅助设计绘制所不能实现的。设计者需要丰富艺术创作思维与灵感,就需要广泛地吸取知识,不断地设计与实践,随着徒手表现能力的增强,也能更大限度地发挥计算机辅助设计的巨大潜能。

　　因此,建筑速写与写生不是单纯的造型基础与手绘练习,更重要的是训练作者的感受与思维,同时,我们可以通过速写写生的方式陶冶情趣,提升艺术设计审美水平。

编　者

目录

第一章

基本概念与常用工具介绍

1.1 速写的概念

速写是一种快速写生的方法。"速写"是中国原创词汇,速写同素描一样,不但是造型艺术的基础,也是一种独立的艺术形式。建筑速写就是运用钢笔、铅笔等一些绘画工具,快速地对一些建筑物进行表达绘制。速写的要义就是讲究速度,要能快速准确地表达出所描述建筑对象的精到之处。

1.2 速写的工具

速写的工具有本、纸、笔及墨水等。建筑速写没有画笔和纸张的限制,主要目的是练习手、眼、脑的有机配合。

1.2.1 画笔选择

1. 铅笔

铅笔(见图 1-1)是一种用于书写、绘画的笔类,主要以石墨为笔芯(彩色铅笔除外),笔杆为外包层制作而成。现代铅笔笔芯以石墨和黏土制造,石墨添加得越多,笔芯越软,颜色越黑;而黏土添加得越多,笔芯则越硬,颜色越浅。

对绘画初学者而言,铅笔可以用于前期的定框;有艺术基础的绘画者可以不用。如果采用木制铅笔,速写通常使用硬度为 B 的铅笔,笔芯太硬的铅笔容易在纸面上留下划痕,笔芯太软的铅笔在擦除时容易弄脏画面。

2. 针管笔

针管笔(见图 1-2)是绘制图纸的基本工具之一,能绘制出均匀一致的线条。它的笔身是钢笔状,笔头是长约 2 cm 的中空钢制圆管,里面藏着一条活动细钢针,上下摆动针管笔,能及时清除堵塞笔头的纸纤维。其针管管径的大小决定所绘线条的宽窄。一次性的针管笔弹性比较好,可以模拟钢笔效果,出水也比较稳定。

3. 签字笔

签字笔(见图 1-3)有水性签字笔和油性签字笔。水性签字笔一般用于纸张上,如果用于白板或者其

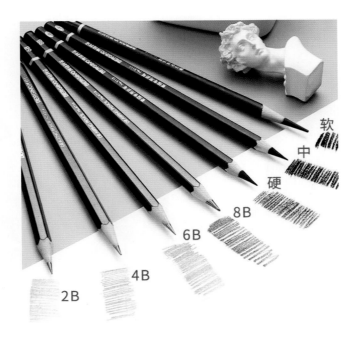

图 1-1　铅笔

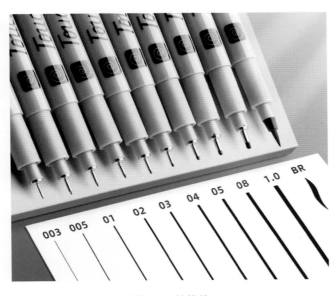

图 1-2　针管笔

他光滑物品上很容易被擦拭掉;油性签字笔一般用于在样品上签字或者做其他永久性的记号,油性签字笔很难拭擦干净,但可以用酒精等物清洗。在绘画中常用水性签字笔作画。

4. 纤维笔

　　纤维笔(见图 1-4)用塑料、纤维等高分子材料制成笔头。纤维笔头是用树脂将合成纤维(主要成分是亚克力、聚酯、尼龙等纤维)黏合起来制作的。将纤维的材质、粗细、量和树脂的材质、量搭配在一起,可制作出油性笔、白板笔、荧光笔、签字笔、毛笔等各式各样的笔尖。不同的握笔方式能使纤维笔画出不同粗细的线条。在绘图时握笔的力度不能太大,否则使用一段时间后纤维笔头会磨损、变粗。

图 1-3　签字笔　　　　　　　　　　　　　图 1-4　纤维笔

5. 钢笔

　　钢笔是人们普遍使用的书写工具,笔头由金属制成,书写起来圆滑而有弹性,相当流畅。在笔套口处或笔尖表面,均有明显的商标牌号、型号。钢笔还分为蘸水式钢笔和自来水式钢笔、墨囊钢笔。钢笔的品牌众多,价格不等,常见的品牌有凌美(F 笔尖)(见图 1-5)、英雄(见图 1-6)等。

1.2.2　纸张选择

　　速写可以绘画在复印纸、素描纸、牛皮纸以及圆形装裱的工艺卡纸上。素描纸(见图 1-7)要比普通的纸厚实,一般介于复印纸与牛皮纸之间,纸张有正反面的区分,其中一面较为粗糙,有细密的规则或不规则的纹路,易着色,不易打滑,易显现出线条笔触的色调变化,更适用于铅笔与炭笔。复印纸有 A3、A4 等规格。牛皮纸(见图 1-8)、卡纸以及圆形装裱的工艺卡纸(见图 1-9),用于写生绘制时可呈现出一定的艺术效果。

图 1-5　凌美钢笔　　　　　　　　　　　　图 1-6　英雄钢笔

图 1-7 素描纸

图 1-8 牛皮纸

图 1-9　圆形装裱的工艺卡纸

1.2.3　其他工具

在作图的过程中,有时需要画一些直线作为透视辅助线,此时就可以发挥尺子的功能。尺子上有刻度,有些尺子在中间留有特殊形状(如字母或圆形)的洞,方便使用者画图。它通常以塑胶、铁、不锈钢、有机玻璃等材料制造,一般分为卷尺、游标卡尺、直尺等。

其他的绘图辅助工具有比例尺、滚尺、丁字尺、三角尺、曲线板、图板、橡皮、透明胶带、高光笔、裁纸刀等。

1.3　速写的意义

速写用具简单,表现手段简易灵活,且线条造型明确,可以用简洁的线条准确地表达建筑的形体结构,具有表现力强等特点,所以速写就成为建筑设计师、室内设计师、景观设计师表达设计意图和快速记录建筑生活场景的常用方式。同时,速写也是美术学习者在考试、求职面试时的重要表现手段,是美术专业人员必须具备的一种能力。

1.4　速写的应用

速写是独立的艺术种类,中外绘画中的一些速写手稿作品具有极高的审美价值,优美的速写作品运用在产品上也具有一定的商业价值。当下流行的文创产品层出不穷,其设计及商业运行理念就是依据物质文化遗产和非物质文化遗产、可移动文物和不可移动文物等创意、创新、创造出新业态、新产品。(见图 1-10 至图 1-12)

图 1-10　文创布包

图 1-11　一次性饭盒

图 1-12　速写明信片

第二章
建筑速写的基本技法表达

2.1　线条的练习

　　线条是最基础的造型语言,是建筑速写手绘表现中极重要的元素,是效果图表现的重要手段。学习速写不单需要熟练掌握各种线条的画法,更需要形成属于自己的表现风格,能运用直线、曲线、折线等不同类型的线来展现空间概念,把握造型美感的基础元素。

　　线条的练习是掌握快速表现的基础,看上去简单的线条,实则千变万化,而线条的表现形式又包括线条的快慢、虚实、轻重、曲直等。要画出美感和生命力,就需要做大量的练习:用连接两个点的方式可以练习线条的方向感和准确性,两点距离能长就长,可长短相间,或用各种笔训练画各种线条,体会笔和纸的特性。可用同样的方法画曲线来练习线条的方向感和灵活性。(见图 2-1)

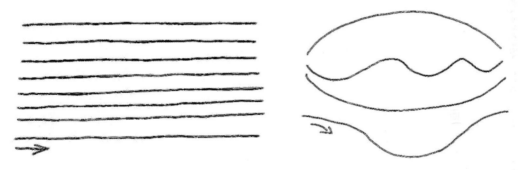

图 2-1　线条的练习

2.2　线条的表现形式

　　线条主要用于体现物体的状态和物体之间的关系,画线条时的力度、速度、轻重、顿挫等取决于所描绘的物体本身,另外加上自己的主观处理。在手绘表现过程中应注重对所描绘物体的材料体现,用什么线条取决于物体本身,不同种类的物体有不同的线条表现形式。

2.2.1 直线

直线在手绘中很常见,很多形体都是由直线表现的,所以,能熟练地掌握直线的绘制方法非常重要。直线绘制表达了准确、严谨、理性的含义。手绘中的"直"大部分情况下是感觉和视觉上的,不是绝对的"直"。直线排线表达均匀硬朗,多表达坚硬的物体,如图 2-2 所示。

2.2.2 曲线

曲线线条用于表现不同弧度的圆弧线、圆形等,是手绘表现中较为活跃的元素,也是表现过程中的重要技术运用环节。曲线能展现出飘逸、柔美或者扭曲的蜿蜒形态,运用较为广泛,多表达布艺与植物等。曲线线条表达物体应有的流畅性与对称性。(见图 2-3)

图 2-2　直线排线表达

图 2-3　曲线线条表达

2.2.3　折线

折线属于不规则线,这些不规则线在表达植物和一些特殊纹理时应用较多,运笔比较随意,速度偏慢。不规则线条在手绘表现中极具表现力和艺术感染力,表达了对抗与力量之感。(见图 2-4)

2.2.4　乱线

乱线也属于不规则线,表达了不安与烦躁,用于发泄紧张的情绪。(见图 2-5)

图 2-4　折线线条表达　　　　　　　　　图 2-5　乱线线条表达

2.3　线条的组织方式

2.3.1　直线线条

直线线条在建筑速写中的表现效果是整体平顺、放松,若局部略有抖动,体块线拉长,细节线较短,能凸显建筑整体外形的大气。(见图 2-6)

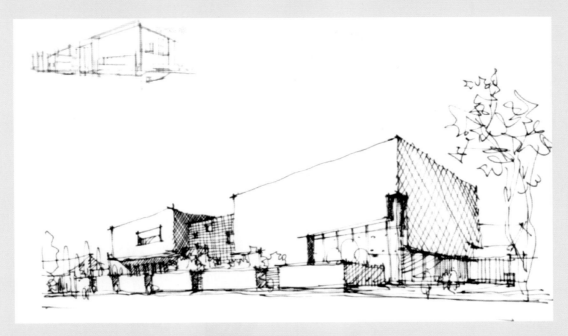

图 2-6　直线线条在建筑速写中的运用

2.3.2　曲线线条

曲线线条在建筑速写中能表现出建筑的柔性和弧度造型,也表达了其特殊设计感。(见图 2-7)

图 2-7　曲线线条在建筑速写中的运用

2.3.3　折线与乱线

折线与乱线在建筑速写表达中的运用如图 2-8 所示。

图 2-8　折线与乱线在建筑速写表达中的运用

2.4 几何形体练习

把线条画好是阶段性的目标,也是写生用笔基础,大部分学习者经过一段时间的练习都会达到一定的熟练程度。接下来我们把基本的线条组合成几何图形,来进行更加深入的综合性练习。下面介绍一些基本几何图形的练习方法。

2.4.1 正方体、长方体练习

正方体、长方体作为基本形体,其在手绘练习中的重要性无法忽视。用六个完全相同的正方形围成的立体叫作正方体,即侧面和底面都是正方形的直平行六面体为正方体;长方体也由六个面组成,相对的面面积相等,可能有两个面是正方形,其余四个面是长方形,也可能六个面全都是长方形。正方体是特殊的长方体,正方体和长方体都是直平行立面体。(见图 2-9、图 2-10)

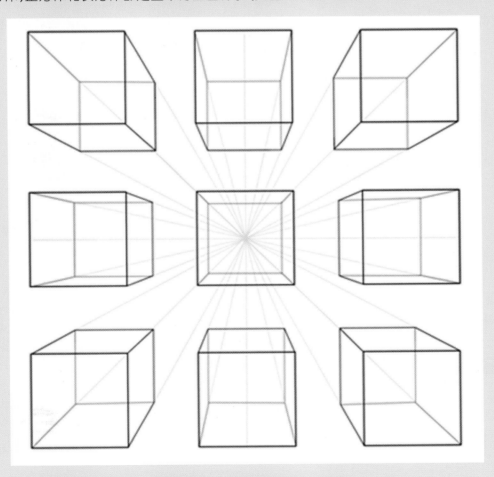

图 2-9 直平行六面体手绘练习(一个灭点)

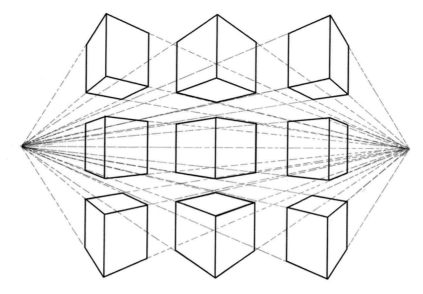

图 2-10　直平行六面体手绘练习（两个灭点）

2.4.2　不规则形体练习

　　充分理解形体之后再做练习，就会事半功倍。在练习中要特别注意面与面之间的关系，结构的穿插，由于透视关系所产生的近大远小、近实远虚等，以及一点透视、两点透视下图形的透视变化。练习可适当增加一定的难度。（见图 2-11、图 2-12）

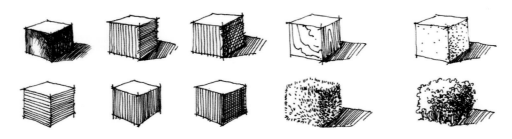

图 2-11　形体练习（面与面之间的关系）

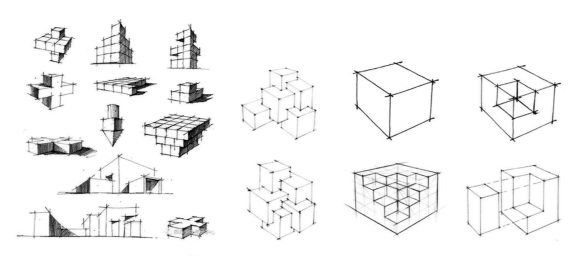

图 2-12　不规则形体练习（结构的穿插）

2.5 复杂形体练习

　　各个形体体块的组合与穿插的速写练习是建筑手绘表现中的过渡阶段,复杂形体练习可以锻炼学习者的空间想象能力以及动手能力。(见图 2-13)

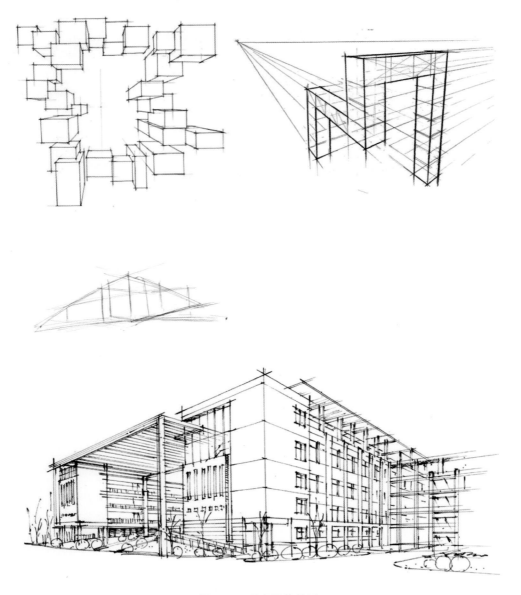

图 2-13　复杂形体练习

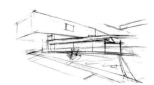

续图 2-13

Life

第三章

透视及构图

透视学是绘画、设计及其他相关专业的一门必修基础课程,是在手绘表现中构成画面的重要理论基础,画面中添加的所有内容都要以合理的透视框架为基础。只有透彻地理解透视学,掌握透视图的技法,才能更好地把握空间,准确表现建筑形体的结构、造型。对透视学进行灵活运用,可产生多元的、丰富的视觉效果,所以,掌握透视学知识是手绘速写表现的前提。

3.1　透视的基本概念

"perspective"(透视)一词,源于拉丁文"perspicere",意思是透过透明的介质观看物象,并将所见物象描绘下来,得到具有近大远小特点的图像,这个图像就是透视图,简称为透视。从投影法来说,透视图就是以人眼为投影中心的中心投影。"透视"这个词在《现代汉语词典》中是这样解释的:"用线条或色彩在平面上表现立体空间的方法。"透视是一种将三维空间的形体转化成具有立体感的二维空间画面的绘图技法,更是一种带有计算性质的描绘自然物体的空间关系的方法或技术。在透视求算中涉及很多特定的点、线、面,它们是透视原理的基本元素,相互关联并且各自有不同的概念及作用。学习透视技法就是从认识、理解这些基本元素开始的。

我们根据图 3-1 来了解一些透视的主要术语及其相关概念。

(1)基面(GP)——建筑形体所在的地平面。

(2)画面(PP)——人与物体间的假设面(垂直投影面)。

(3)基线(GL)——画面与基面的交线。

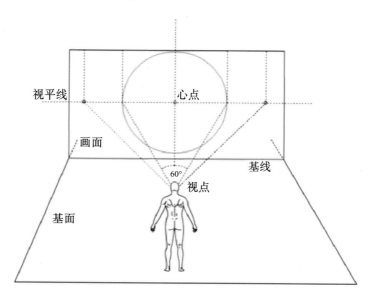

图 3-1　透视的主要术语

（4）视点（EP）——作画者眼睛的位置。

（5）视平线（HL）——由视点向左右延伸、与视点平行的水平线。

（6）心点（CV）——视点对画面的垂线与画面的交点（一点透视以此为灭点）。

（7）灭点（VP）——也称为消失点，是空间中相互平行的变线在画面上汇集到视平线上的交叉点。

建筑室内外透视分为一点透视（平行透视）、两点透视（成角透视）及三点透视三种类型。一点透视表现范围广，纵深感强；两点透视表现灵活；三点透视主要用于仰视图和俯视图。

3.2　一点透视

一点透视也称平行透视，是一种最基本、最常见的透视，它的原理和绘图步骤都非常简单。掌握平行透视技法是学习其他透视表现知识的基础和前提，也是以正规的形式理解和表现空间的第一步。

在一点透视中，人与主观察面（画面）平行，物体轮廓线有两组与画面平行，所以主观察面没有透视变化；垂直面在透视图中消失于画面的唯一灭点（VP），产生近大远小的感觉。一点透视作图简单，纵深感强，适用范围也比较广。

采用一点透视绘图步骤如下。

步骤一：在所用纸张上画出一个方形（见图3-2），确定宽度和高度，这个就是基准面。以1 m为单位，按比例画上其他需要的标记。

步骤二：确定视平线（HL），一般情况下是以人1.6 m或者1.7 m作为平均身高，这个高度也可以视为正常视高。根据实际需要，这个高度可以做相应调整，这里我们确定为1.5 m。（见图3-3）

步骤三：在HL上确定灭点（VP），灭点位置根据实际需要调整。（见图3-4）

步骤四：从正方形两角向灭点画出斜线，并加入一条垂直线。画出形体其余轮廓线，并确定虚实。（见图3-5）

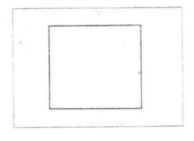 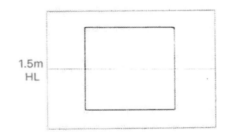 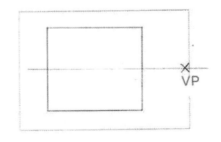

图3-2　画出方形　　　　　　图3-3　确定视平线　　　　　　图3-4　确定灭点

在一点透视框架中只有三种类型的线，即放射线、垂直线和水平线。其中放射线全部来自灭点，属于独立的体系；而垂直线和水平线属于具有相互依赖关系的另一体系。由于每一类线条自身在空间中是绝对平行的关系，所以这种方法才被称为平行透视。

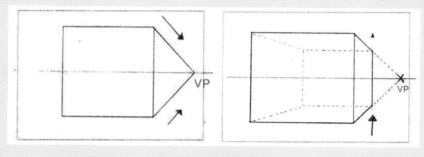

图 3-5　步骤四

3.3　两点透视

　　两点透视也称为成角透视,用两点透视画建筑速写是比较真实、生动的透视表现方法,接近人的实际感觉。角度选择要特别讲究,不然容易产生变形。运用两点透视来描绘一个规则的建筑形体,形体有一组垂直线与画面平行,其余两组线都与画面成一定角度,每组有一个消失点,共有两个消失点。如果这个建筑物的平面是不规则形状或呈现多种转折关系,有几个转折面就有几个消失点,但是所有的消失点都应在视平线上。(见图 3-6)

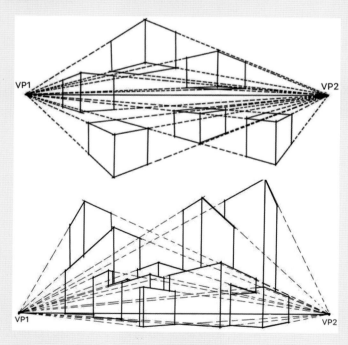

图 3-6　两点透视示例

3.4 三点透视

    三点透视是建筑绘图中的另一种表现形式。在两点透视中,VP1 和 VP2 两个消失点的距离越近,透视感越强;相反,VP1 和 VP2 两个消失点的距离越远,则透视感越弱。当两个消失点过近时,就应该考虑加一个消失点,即加天消失点(形成仰视)或加地消失点(形成俯视),从而形成了三点透视,这种透视也叫作斜角透视。三点透视多用于高层建筑透视,由于物体过于高大,平视的话人无法看到建筑的全貌,因此不得不用仰视或者俯视的方式。物体本身并不与水平面垂直,比如有坡地、斜顶等。三点透视表现出来的建筑宏伟高大,仰视角度通常给人一种高耸之感,俯视让人觉得深邃。(见图 3-7)

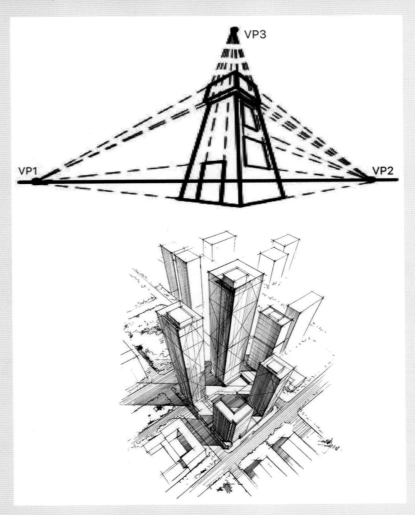

图 3-7 三点透视示例

3.5 构图技巧

许多人认为,绘画的结构基础是靠透视表现的,实际上,透视是正常视觉效果的依据,或者可以说是一种对画面的校对与检验的手段,而真正的画面结构是由构图搭建的。构图是指作图者对画面内容进行有目的、有规律的整合安排,把绘画素材和艺术语言有机地结合在一起,形成统一、协调而又具有艺术美感的画面。

3.5.1 构图取景

构图取景就是初级的构图概念,是画建筑风景速写的基本功。在我们面对现实风景写生时,首先面对的是选择景物的哪一个部分,然后是思考如何安排构图,使画面能更好体现绘画者的意图,产生艺术感染力,这便是构图取景的主要内容。为了使构图更富有层次感,可以把建筑风景速写中的景物分为近景、中景、远景,这样利于把握画面的整体感觉。一般画面的主体安排在中景,靠主体来协调近景与远景的关系,从而让主体形象更突出、鲜明、引人入胜。(见图 3-8)

图 3-8　构图取景示例

3.5.2 建筑风景速写构图基本形式

1. 水平式构图

水平式构图以一点透视和两点透视比较常见,适用于横向表现建筑物主体且高度相差较小的情况,前后层次丰富,构图形体比较丰满。(见图 3-9)

2. 竖向式构图

竖向式构图纵深感比较强,以中国古代建筑的亭台楼阁等表现最为典型,绘画表现时更注重建筑立体墙面及结构细节的描绘。(见图 3-10、图 3-11)

图 3-9　水平式构图

图 3-10　竖向式构图一　　　　　　　　　　图 3-11　竖向式构图二

3. 斜线式构图

斜线式构图主要以两点透视或三点透视为表现形式,画面中的线以斜线为主,画面生动、灵活,富有情感变化。(见图 3-12)

4. 三角形构图

三角形构图比较常见的有两种:一种是由建筑结构及透视关系形成的三角形构图(见图 3-13),给人的视觉冲击力比较强,画面具有张力;另一种是主体建筑物比较高,周围次要建筑物及环境呈现阶梯状递减排列形成的三角形构图(见图 3-14),这样的构图与画面给人稳固之感。

5. 曲线式构图

曲线式构图以 S 形构图居多,它具有很强的动感和韵律感,适合表现活泼、自由、充满乐趣的场面。(见图 3-15)

图 3-12　斜线式构图

图 3-13　三角形构图一

图 3-14　三角形构图二

6. X 形构图

　　X 形构图形式也被称为射式构图,是一种具有明确空间纵深感的构图形式,常用于建筑、风景写生。(见图 3-16)

　　所有构图形式往往不能独立存在,通常以复合形式出现在画面中。

图 3-15　S 形构图

图 3-16　X 形构图

第四章

主体及配景画面的处理技巧

　　建筑速写除了表现建筑本身,还要表现建筑所处的环境气氛。不同的建筑环境有不同的气氛和特征。建筑速写中涉及的物体可分为主体和配景两大类,这两大类是相辅相成的。其中主体主要是指建筑;配景包括植物、水景、山石和人物、交通工具等方面,如图 4-1 所示。生动得当的配景表现能有效烘托建筑环境效果,增强建筑速写的表现力和感染力;配景搭配不当则会影响甚至破坏画面效果。

图 4-1　配景

4.1　建筑结构表现

建筑可以分为单体建筑和组合建筑。

单体建筑比较简单,形态各异。在绘制时可以把建筑分解成基本几何形体,如正方体、长方体、圆柱、圆锥、球体、多棱柱等,如图 4-2 所示,在画的时候需要抓住这些形体的规律及特点对建筑进行归纳、概括、切割、重新组合等。表现形态各异的建筑,要根据透视原理,选择合适的角度及透视关系将主体建筑及配景描绘完成,做到主次分明、重点突出。(见图 4-3)

组合建筑相对单体建筑在造型上更加丰富多样,需要在掌握单体建筑表现规律的基础上运用透视原理进行描绘。其造型的复杂程度和难度都有所提高,要注意各部分形体在进行穿插与组合时的透视关系和位置关系。组合建筑描绘的场景相比单体建筑来说更开阔,远景、中景、近景的层次比较丰富。(见图 4-4)

图 4-2　建筑的基本几何形体

图 4-3　体育馆(单体建筑表现)

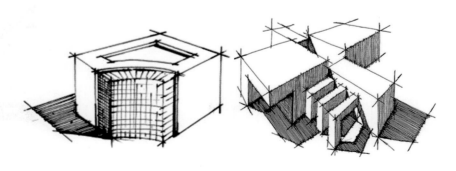

图 4-4　单体建筑与组合建筑

4.1.1 建筑体块表达

把建筑分解成一个个的基本几何体块,往往可将实际建筑形体想象成在一个大的基本形体上增补一个体块或切除一个体块,这样也可以培养初学者的建筑空间感和立体形象思维。对体块穿插、变化的想象和描绘,可以使空间形象思维能力得到提升。根据设计者和绘制者的需要,对建筑加以修饰和变形,就可以使建筑呈现出多姿多彩的形态。(见图 4-5)

图 4-6 所示的是比较简单的手绘草图,是对建筑的结构进行构思、推敲的初步过程。因为现实生活中的建筑都是比较复杂多样的,细节和装饰都比较多,初学者容易被其细部干扰,无法获得对形态的准确把握,所以正确的方法是,先抓住形体的大关系,也就是主体结构和走势,忽略与总体形态无关的一些细部,清楚了形体的大关系后再往里加细部,这样就不容易走形。

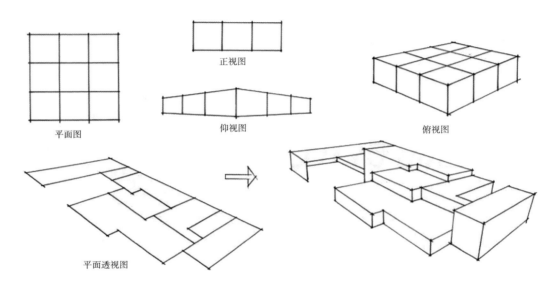

平面图　　正视图　　仰视图　　俯视图　　平面透视图

图 4-5　建筑分解与组合

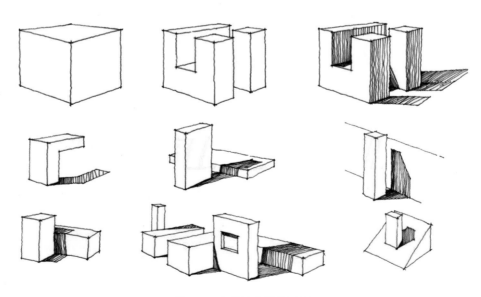

图 4-6　建筑结构推敲过程

将建筑大致结构和形体完成后,适当地添加细部线条及阴影,可以让建筑的块面关系和空间关系更加明确,体积感更强,以强化整体效果。(见图4-7)

在添加细节的过程中,遇到形体转折的边界,不管当时的光影情况如何,应先直接用线条表达这个形体转折的界面,然后再用光影辅助表达。有时候主要以线条表达形体结构,对形态关系要求清晰准确,阴影也可以省略,不要刻板地按照正式效果去画阴影。在需要强调转折以及空间关系的时候可以按照形态结构逻辑适当加一些阴影。(见图4-8)

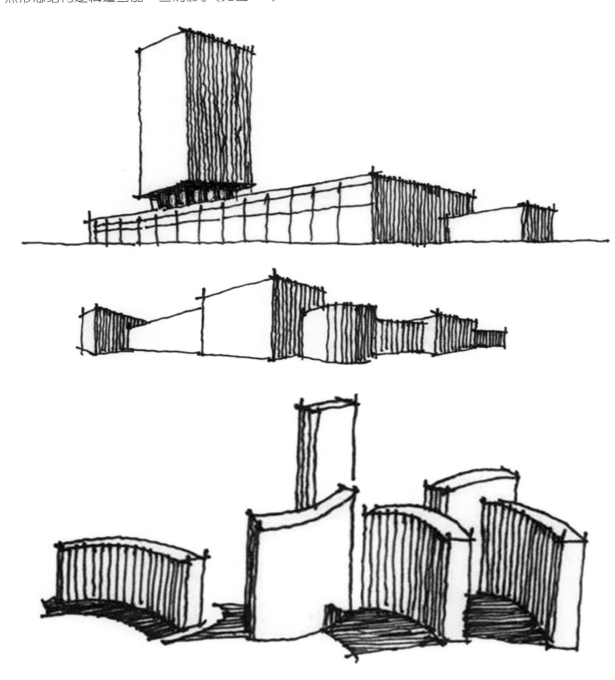

图 4-7 建筑结构完成后添加细部线条及阴影

图 4-8　建筑形体转折及阴影表现

4.1.2　建筑空间几何体表达

　　建筑空间几何体表达是培养空间思维能力的主要途径,也是学习速写和手绘必练的一项技能。初学者在练习时可采用一点透视(见图 4-9),先找准消失点(灭点),然后将立体的各个面与消失点相关联,这样就可以从各个角度来表达立体的形态,表现出俯视、仰视、平视的图景。

　　在具有一定的基础后,在练习绘制建筑立体空间时,可在各个空间内增加或删减体块,既可以练习建筑几何体的透视,又有一定的趣味性。建筑空间多以两点透视来表现其体块感。(见图 4-10)

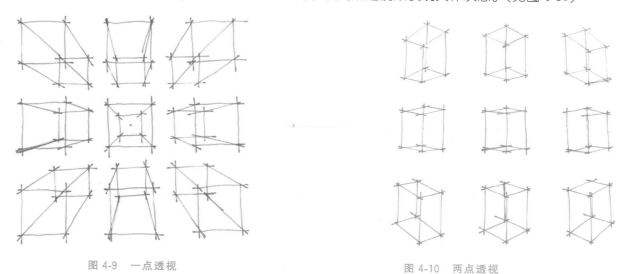

图 4-9　一点透视　　　　　　　　　　　　　　　图 4-10　两点透视

在建筑空间几何体的表达中,形态的准确性体现在两个方面:一是透视关系的准确性,因为透视关系的准确性直接反映了空间的准确性;二是空间关系的准确性,在形体转折、交接、穿插等部位,用线要肯定而明确,不能被材质及光影所迷惑而失形,要认真思考以表达形态本身的逻辑。(见图 4-11)

要准确表现建筑空间几何体,可采用如下方法。

(1)几何体组合法:建筑造型手法中较简单的一种,其形象简洁美观。(见图 4-12)

(2)几何体切削法:对几何造型进行一些别具特色的切削,形成一种新的视觉效果,就是所说的几何体切削法。采用几何体切削法形成建筑造型一般较独到,旨在用建筑的主要部分去吸引参观者的眼球。

(3)形态比例控制:在分析了总体形态的特征后,要花一定的时间确定建筑外轮廓的比例。如果一开始就凭感觉画,可能会忽视大的比例关系。

画大的建筑图,要掌握"灭点在心中"的线条走向规律,因为画图时,往往灭点在图纸外的远处,在图纸上只能通过线条角度的变化来体现,如图 4-13 所示。要根据空间远近进行概括和虚化处理,这样对于强调空间比较有利。学会取舍也是表达空间感的一个重要方面。

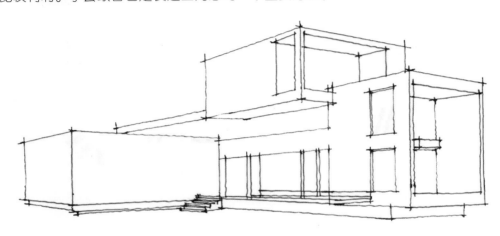

图 4-11 建筑空间几何体表达

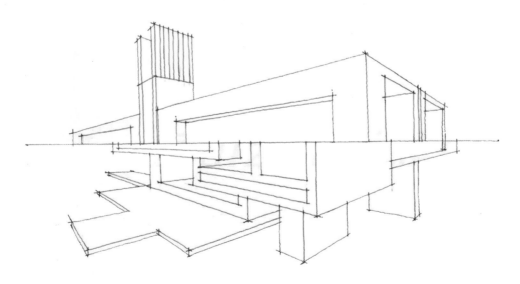

图 4-12 几何体组合法

（4）建筑单体渐变法：我们时常会看到一个建筑由几个相似的建筑单体组成，每个建筑单体有一些小的变化，这就是建筑造型手法中属于渐变法的建筑单体渐变法。表现此类建筑形体时可根据其结构特点逐步绘制。（见图4-14）

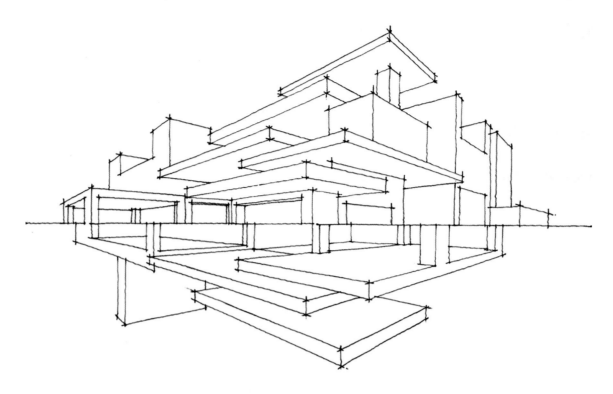

图 4-13　通过线条角度的变化来体现灭点

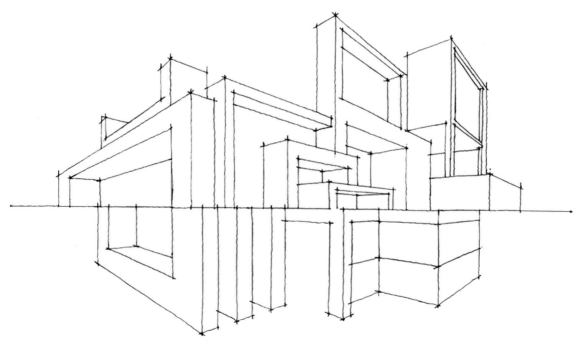

图 4-14　建筑单体渐变法

4.2 建筑材质肌理表现

　　建筑外立面的材料对建筑起到保护和装饰作用,不同的立面材料具有不同的质感。建筑材质的肌理其实就是指外立面材料的质感,包括色泽、纹理等方面,材质肌理表现在建筑速写中是区分体块的媒介,也会让表现效果更加真实和美观。不同的材质在线条上的表达各不相同,见图 4-15。常见的建筑材料有木质材料、砖石材料、金属材料、玻璃材料等。

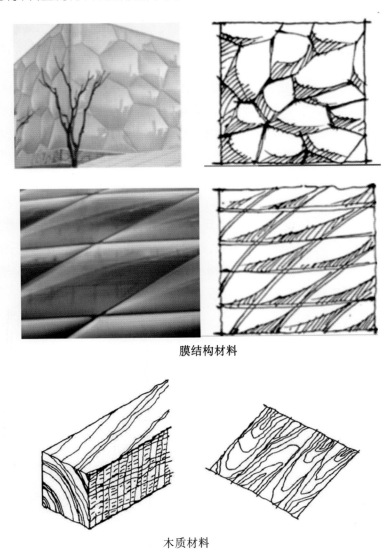

膜结构材料

木质材料

图 4-15　不同材料质感表现

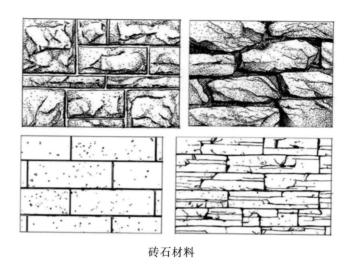

砖石材料

续图 4-15

4.2.1　木质材料

木材本身具有天然的花纹,作为建筑外立面或地面铺装材料都具有很好的装饰性,是应用较为广泛的天然材料,纹理自然而细腻,练习时可选用铅笔、钢笔或炭笔根据木材的纹路特点来画木纹线,快速运笔。室外景观等采用木质材料,一般为了防虫、防水、防变形、防开裂等情况,都会做特殊处理,因此其表面不反光,高光较弱,表现时要与室内木质材料区分开来。(见图 4-16)

4.2.2　砖石材料

砖石材料是建筑材料中必不可少的材料,主要用于搭建建筑主体结构,形成墙体,表面比较粗糙。在绘制砖墙的时候先将砖与砖之间的缝隙画出来,然后再用笔适当点一些小点。石材主要起装饰作用,建筑外墙石材多因雨水冲刷、自然风化等原因慢慢失去光泽,在进行色彩表达时用笔切勿太快,要有顿挫感,把建筑石材的纹理、颗粒感表达出来。(见图 4-17)

4.2.3　金属材料

金属材料物体表面比较光滑,感光和反光能力较强,仅在受光与反射光之间略显本色。金属材料物体受各种光源影响,受光与背光明暗的反差极大,并具有闪烁变幻的动感,刻画用笔不可太死板。背光面的反光也极为明显,应特别注意物体转折处明暗交界线和高光的夸张处理。(见图 4-18)

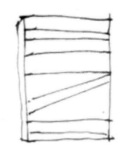

图 4-16　木质材料质感表现

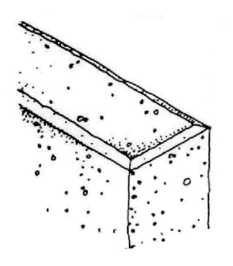
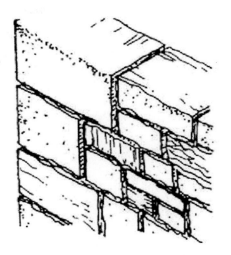

图 4-17　砖石材料质感表现

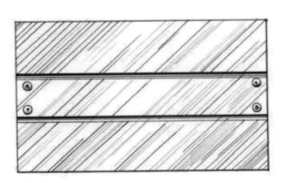
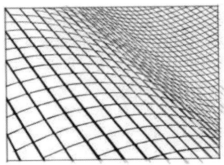

图 4-18　金属材料质感表现

4.2.4　玻璃材料

玻璃常作为装饰用材,在现代装饰设计中应用广泛,在表现时要注意透明材料直接反射外部环境的特殊性和通透性,可以用点绘和线绘的方法来表现高光、投影和其特有的质感。画玻璃材质时一定要"透",刚开始画时先忽略玻璃,最后适当加斜线处理即可。(见图 4-19)

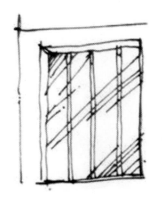

图 4-19　玻璃材料质感表现

4.3 配景表现

4.3.1 植物表现

　　植物是建筑和景观速写表现中的重点内容,画好植物并表现其与建筑的层次错落关系能有效体现一幅建筑速写的形式美,植物还可以修补画面构图不完善的位置,使画作具有视觉美感。植物的种类繁多,表现方法应根据画面需要和植物种类进行选择。

　　比如按照画面需求来说,画面有近景、中景和远景之分,根据植物在画面中所处的不同位置,在表现植物时我们要采用不同方法。远景植物因为离得比较远,根据近实远虚的特点,可以采用轮廓画法,主要表现植物的外形轮廓,对植物内部层次关系不做过多表现(见图4-20)。中景植物可以采用线描画法,主要用勾线的方法描绘出植物的叶脉和枝干(见图4-21)。近景植物要表现得比较细致,可以采用明暗画法,用明暗色调表现出植物的体积关系和光影效果(见图4-22)。在建筑速写表现中,以上是最为常用的植物表现方法,能强化画面的视觉效果。

图 4-21　中景植物线描画法

图 4-20　远景植物轮廓画法

图 4-22　近景植物明暗画法

还可以将植物看成不同形状的几何形体,利用塑造几何形体立体感的方法来绘制植物:先画出树冠的形状,找出明暗交界线;再选择合适的植物线条,绘制完整的树冠;最后加上树干。(见图 4-23)

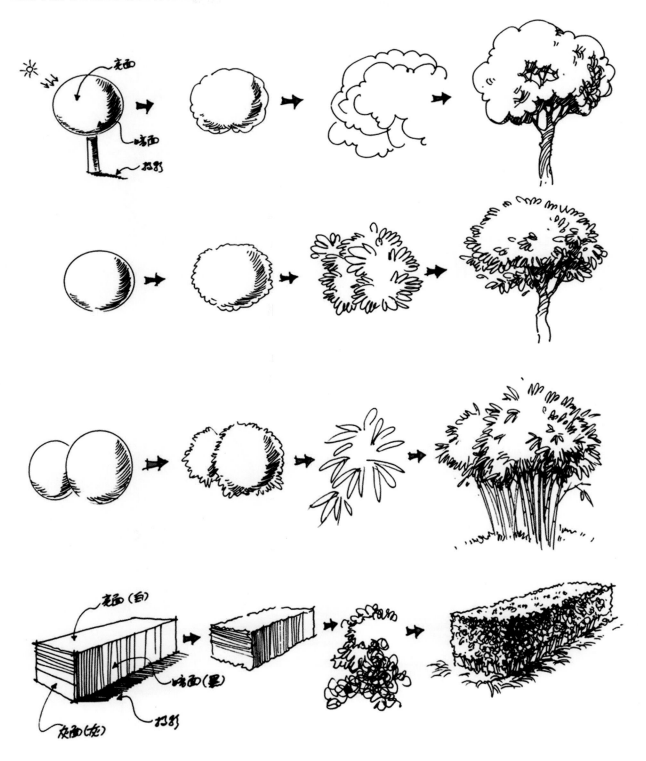

图 4-23　植物几何形体画法

运用几何形体画法有时画出来的植物略显"简陋",我们可以在这个基础上适当地加一点组团和叶片,这就是植物的组合画法(见图 4-24)。注意叶片加的位置,通常是加在底端的暗部,另外也要表现出光感来。

利用组合画法表现植物的建筑速写效果如图 4-25 所示。

图 4-24　植物组合画法

图 4-25　利用组合画法表现植物的建筑速写效果

对于某些类别植物,比如椰子树和棕榈树,在画植物草图的时候,要找到它们的特点,表现那种狂野奔放的感觉。(见图 4-26)

建筑草图中植物的处理其实跟景观草图中的差不多,只不过通常不太会用到大体量的植物,以点缀为主。(见图 4-27)

画树叶的时候可以直接使用植物线条"抖"出来,这除了对作画者抖线的能力有要求,对其对树的形体的掌握也有极高的要求,基本上应是一次成型。特别需要注意的是阴影加重的部分。一般用针管笔画阴影时我们会根据线条的疏密画出两个层次,但是不论哪个层次,都要注意树叶的形状表现。

图 4-26　找到植物特点来表现

图 4-27　建筑草图中的植物

阴影都是加在树叶的空隙里的。（见图 4-28 至图 4-30）

图 4-28　植物的阴影表现一

图 4-29　植物的阴影表现二

图 4-30　植物的阴影表现三

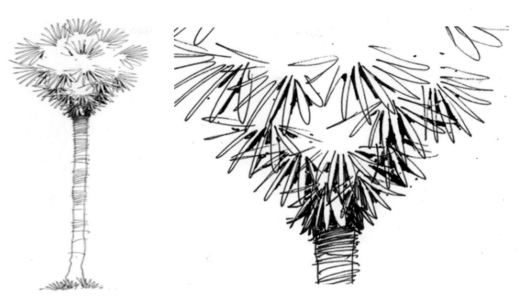

续图 4-30

针叶类植物一般是存在于画面的远景中的,很少作为前景树出现。(见图 4-31)

图 4-31　针叶类植物表现

　　树干部分的表现比较简单,用途却不少,且富有变化。画树干的要点是,根部粗、上端细,主干粗、枝干细。注意树干鼓点位置的处理。可以把树干看成"y"字形或者"北"字形,向上延展。(见图 4-32、图 4-33)

　　树干的肌理一般是横向的,所以画的时候可以横向画出它的纹理。纹理要微微带有一点弧度。(见图 4-34)

图 4-32　树干的表现一

图 4-33　树干的表现二

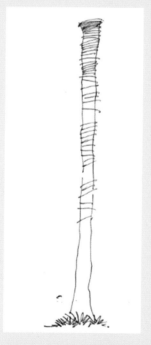

图 4-34　树干的肌理表现

椰子树的形态跟普通乔木有很大的不同,其树干的根部和顶端都比较粗(见图 4-35)。

地被植物表现时以短线为主(见图 4-36)。

图 4-35 椰子树的表现

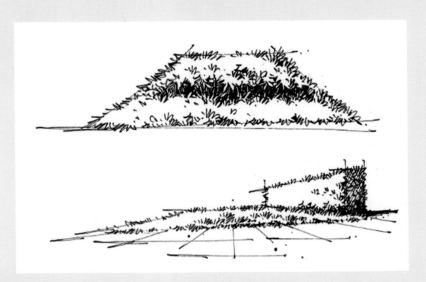

图 4-36 地被植物的表现

植物与建筑组合的速写表现见图 4-37。

图 4-37 植物与建筑组合的表现

续图 4-37

续图 4-37

4.3.2　人物表现

　　建筑速写中的人物配景是丰富画面空间关系、生动画面气氛的关键元素,它不是像专门的人物速写那样对人物造型、比例、结构等要求很高,而是主要抓住人物动态特征进行表现以使画面生动的一种速写小点缀。所以,在进行人物表现速写练习的时候,不必拘泥于人物细节的准确性,而强调对人物动态的把握。(见图 4-38)

图 4-38　各类人物表现

　　建筑速写中的人物也有近景、中景和远景之分。远景的人物只需要表现出大致轮廓,区分出头、四肢和身躯(见图 4-39);中景的人物可以加一些细节,比如服饰和人物动势(见图 4-40);近景的人物离观者最近,所以画的时候尽量刻画清楚人物性别、五官、服饰等内容(见图 4-41)。

图 4-39　远景的人物表现

图 4-40　中景的人物表现

图 4-41　近景的人物表现

　　建筑速写中人物的合理搭配特别能增加画面的生动感,同时,人物作为空间的参照物,特别有利于对比出建筑的比例和尺度,使画面空间更加真实。

4.3.3　交通工具表现

　　随着车辆的普及,车辆在城镇建筑环境表现中经常作为交通工具配景出现。车辆种类多且有各自的形态特点,表现练习时首先要把握不同车型的基本外形特点,再进一步表现其结构关系。(见图 4-42)

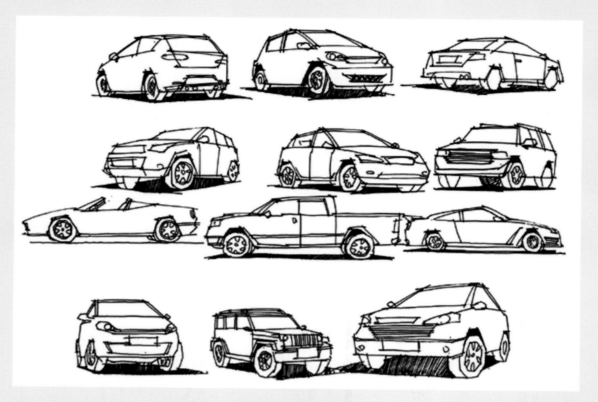

图 4-42 车辆的表现

　　车辆和建筑一样属于人造形态，它们都可以由简单的几何形体推演而成。较简单的几何形体就是长方体，所以，想要准确表现出对象的造型和透视特点，就要首先假设一个长方体（盒子），用简单的长方体去概括复杂的空间形体，这样就会使复杂形体的透视变得简单而容易把握，这就是"盒子概念"。这也是为什么透视原理都从长方体或正方体开始分析的原因。

　　不同交通工具的表现见图 4-43。

图 4-43　不同交通工具的表现

续图 4-43

4.3.4　山石和水景表现

　　山石在建筑环境中是常见的造景元素之一,中国画中的山石画法有很多,用笔的章法也各有讲究,但总体概括为"石分三面"。建筑速写中的山石表现也遵循这个规律,即先把它概括为简单的六面体再考虑它的转折、凹凸、厚薄、高矮和前后等关系。

　　山石的刻画要注意适当运用光影明暗的技巧。山石的块面转折在细节上并不十分规则,这就要求在刻画的时候仔细比较其块面转折的明暗关系,将暗部的层次变化表现出来。(见图 4-44)

　　在完整的建筑速写中,山石不会孤立存在,常见形式为石头散置在草坪上,即使是孤置的景观石也有场地做陪衬,所以山石的表现要与周围环境搭配,才会有更好的画面效果。初学者在速写训练时应该多体会石头的"硬"与植物的"软"搭配的形式效果。(见图 4-45、图 4-46)

图 4-44　山石转折表现

图 4-45　山石表现

图 4-46　山石与植物等搭配

在景观设计中,水是重要的元素之一;在建筑速写中,常常也需要对建筑环境中的水体进行表达,才能准确体现建筑环境的空间氛围。对环境艺术设计专业学生来说,这些重要配景的训练将为今后的手绘表现打下坚实的基础。

水景分为静水水景和动水水景,表现的方法都以随意流畅的曲线为主。这种线条看似简单,但需要把曲线画得灵活生动,初学者应该多加练习。

静水水景的表现主要体现岸边倒影的效果,岸边景物的明暗关系在水中也应该大体表现出来。(见图 4-47)

图 4-47 静水水景的表现

动水水景的特点是波浪明显,特别是瀑布类跌水,要用有力的快直线表现出水流快速跌下的效果,溅起的浪花要大量留白,利用岸边倒影的深色进行对比,衬托出动水的质感。(见图 4-48)

图 4-48 动水水景的表现

续图 4-48

第五章
建筑速写常见表现风格形式

　　建筑速写的表现主要有四种风格形式：一是以自由随意的线条为主；二是以相对规整的线条为主；三是以线面结合明暗素描风格为主；四是采用相对综合画法表达。以自由随意的线条为主的建筑速写方法往往重创意和构思，随时随地勾画出心中的所想，可能表达出来的比例、透视、空间关系相对概念化，创作成果是我们平时常说的创意草图，见图5-1。以相对规整的线条表达出来的轮廓则重结构，通过线的韵味来体现画面的效果，见图5-2。以明暗素描风格为主的建筑速写，主要是重形体、重空间、重量感，以线条排列轻重感来表达画面的内容，见图5-3。采用相对综合画法的线条表现形式较为多样化，图面空间层次表达更为丰富，见图5-4。总体来说，建筑速写表现都离不开传统绘画的一些关键元素。如何处理黑、白、灰三者关系，这个问题，虽然在别的画种中也要妥善地处理，在建筑速写中却更为突出，这是由建筑速写的特点决定的，要提高建筑速写的水平需要在传统绘画中进行进一步的体验。与其他画种相比较，建筑速写黑白对比比较强烈，而中间色调没有其他画种丰富。

图 5-1　以自由随意的线条为主的风格形式

图 5-2　以相对规整的线条为主的风格形式

图 5-3 以明暗素描风格为主的风格形式

图 5-4 建筑写生线条综合画法表现

　　要更好地采用建筑速写方式表现对象就必然要认真地分析对象,并做出适度的概括。所谓概括,就是通过分析去粗取精,去伪存真,保留那些最重要、最突出和最有表现力的东西并加以强调,对于一些次要的、微小的变化,则应大胆地予以舍弃,只表现对象中比较突出的要素,而舍去其余细微的变化。这看上去似乎使建筑速写受到限制,其实却正是建筑速写的特长所在。

　　我们如果能够正确地运用概括的方法,合理地处理黑、白、灰三种色调的关系,就能够非常真实、生动地表现出各种形式的建筑形象来。不分主次轻重地一律对待,追求照片效果,那便失去了建筑速写的特点。

　　建筑速写常为钢笔画,工具非常普通。不同的工具和不同的使用方法可表现出不同的线条和笔触。根据线条组合的特点,可将建筑速写的常见风格归纳为以下四种。

5.1　自由随意风格形式(草图)

　　自由随意风格形式是指不受任何绘画要素的拘束,自由随意地在短时间内迅速地将心中所想、所见的对象快速地表达出来,以草图的简单语言形式把建筑组合空间的形体特征、空间形式用具象或者抽象的线条进行表达,呈现出来的画面往往给人以随意、抽象、自然的显著特征。在建筑写生时,应经常进行构图方面的训练。长时间的创想与写生练习,可以为我们将来的工作与学习提供设计创作的素材,同时也可以使我们具备把握创意设计整体的能力等。进行建筑设计创意构思时,形体有时由多根线条或者乱线反复组合形成,呈现出来的画面显得自由且不明确,这样的画面往往不能很好体现出所需要的细节,例如建筑结构、材质等。草图画面往往呈现规划设计构思意象及其空间的氛围效果。

　　长时间的自由随意的创意构思画法训练,可以很好地锻炼绘画者在短时间内的想象力,使其具有敏锐的观察力和快速准确地描绘对象的能力,以及整体的把握空间创造的能力,有助于在后续的初步设计过程中进一步表达图纸及设计细节方面的构思。这样的练习对我们进行快速设计,与团队进行前期工作交流,以及以后参加职业考试,都会带来很大的帮助。(见图 5-5 和图 5-6)

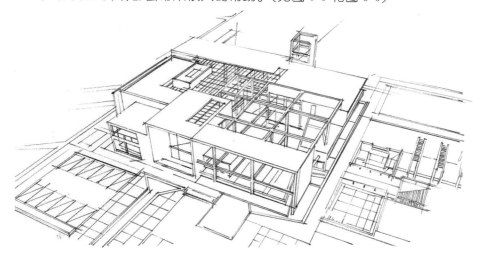

图 5-5　建筑写生的自由随意创意构思训练

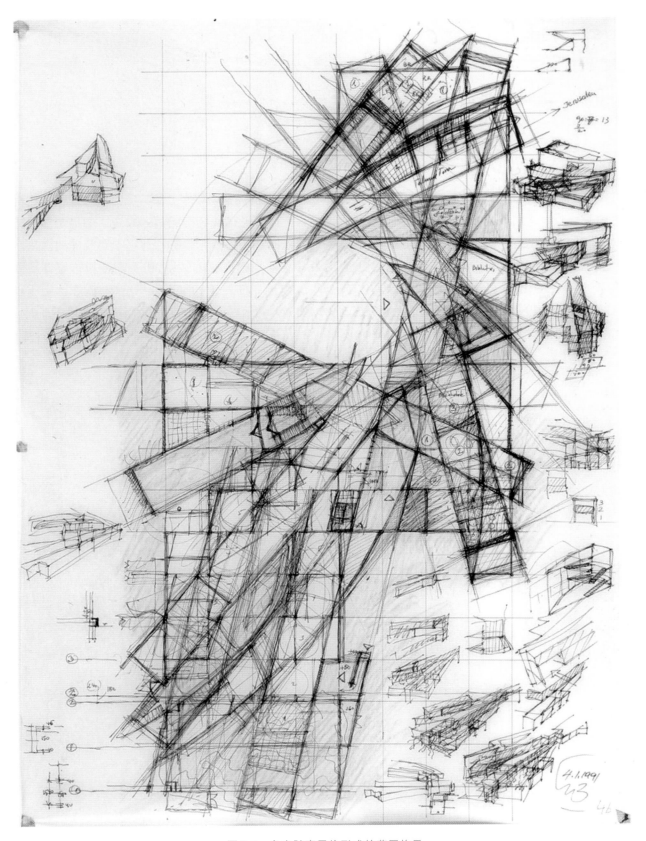

图 5-6 自由随意风格形式的草图构思

5.2 白描线条(结构)风格形式

　　用白描线条的方式能够清晰地表现建筑的透视、比例、结构关系。线条也有自己的语言,线条的粗细、疏密可以表达出不同的空间关系,研究线条语言是研究建筑形体和结构的有效方法。白描画法在造型上有一定的难度,容易使画面走向空洞与平淡,完全要依靠线条在画面中的合理组织与穿插对比来表现建筑的空间关系和主次、虚实关系。绘制过程中,绘画者不考虑光影的关系,更不需要表达整体画面的明暗关系的变化,而是在对客观物体做具体的分析后,准确抓住对象的基本组织结构,提炼出用于表现建筑形体结构的线条。钢笔白描式画法的练习可以加强对建筑形体结构的理解和认识。(见图5-7)

图 5-7　白描线条风格形式表现

5.3 明暗素描风格形式

在建筑室内外写生中,物体往往会在光的照射作用下表现出一定的明暗关系,明暗画法是研究建筑形体、空间的有效方法,对认识建筑的空间关系和物体的体量关系起到十分重要的作用。明暗画法依靠线条或点的密集组合等表达不同明暗程度的面(在同一面中可能有不同的明暗变化),完全以面的形式来表现建筑的空间形体,不强调构成形体的结构线,主要进行黑、白、灰的层次划分。这种画法具有较强的表现力,画面所呈现的建筑空间体积感强,容易做到画面重点突出、层次分明。钢笔明暗画法的练习可以培养我们对建筑空间的虚实关系及光影变化的表现能力,使我们能很好地描绘对象轮廓、结构特征。明暗画法比单纯的线描更显得灵活、生动、丰富,尤其有利于优化画面主次、虚实、层次的表达,能够适应对变幻无穷的客观万象的表现,从而增强作品的视觉张力。(见图 5-8、图 5-9)

图 5-8 建筑写生的线条明暗表现

图 5-9 建筑写生的明暗素描风格形式

5.4 综合表达风格形式

　　综合画法是在建筑钢笔线描画法的基础上,在建筑的主要结构转折或明暗交界处有选择地、概括地施以简单的明暗色调,强化明暗的两极变化,剔去无关紧要的中间层次,容易刻画、强调某一物体或空间关系,又可保留线条的韵味,突出画面的主题,并能避其短而扬其所长,具有较大的灵活性和自由性。采用综合画法的作品画面既有线描画法的严谨性又有明暗画法的体块感,精简的黑白布局往往显得精练与概括,可增加画面的艺术表现力,使画面更加丰富,赋予作品很强的视觉冲击力和整体感。(见图 5-10)

图 5-10　建筑写生综合画法表达

第六章

建筑写生技法与速写综合赏析

建筑是建筑速写的主体部分,通常在画面中占据构图中心位置。建筑的风格多样,有简洁的现代建筑、样式复杂的传统建筑、极具民族特点的地域性建筑等。建筑是由人工建造的,其结构造型与其他自然物截然不同,因此,需要采用与其他物体不同的表现手法,强调它们的对比,注意突出建筑主体多层次的体量关系,具体的表现技巧如下:

　　首先,注意建筑表现的重心要稳,比例要适当,透视图要准确。(见图6-1)

　　其次,要表现建筑的具有使用功能的细节,比如门窗,可以根据画面的需要来决定:如果建筑是表现重点,门窗就尽量画得细致全面一点;如果建筑非重点,就画得概括简单一点。(见图6-2)

　　再次,要表现建筑材质特征。不同风格、样式的建筑,其使用的材料不同,不同的材料给建筑的表现带来了丰富的内容,给线条提供了多样的表现空间。(见图6-3)

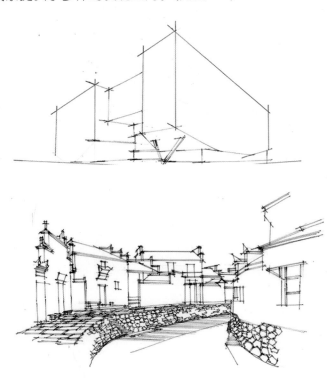

图6-1　建筑表现的重心及比例(一行有岸手绘)

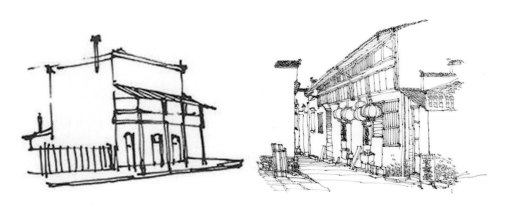

图6-2　建筑细节(门窗)

图 6-3　不同风格及材质的建筑

最后,要表现建筑同地面的关系。建筑的一部分埋在地下,所以不要生硬地处理建筑与地面的连接线。(见图 6-4)

图 6-4　建筑与地面细节处理(来源:站酷　爱手绘大禹)

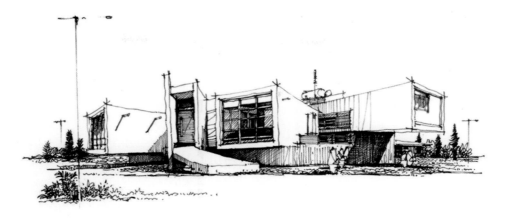

续图 6-4

6.1　现代建筑

　　现代建筑大多比较规则,以几何形体为主,看起来也比较时尚大气,表现时多用直线和快线,有些绘画者喜欢使用尺规来画建筑线条(见图 6-5),这样可能会失去建筑速写的韵味,画面会显得比较呆板。遇到比较长的线条,徒手绘制时我们可以分段来画。要注意建筑的结构及透视关系。这些画正确了,效果图就成功了一半。(见图 6-6)

图 6-5　尺规作图(来源:站酷　爱手绘大禹)

续图 6-5

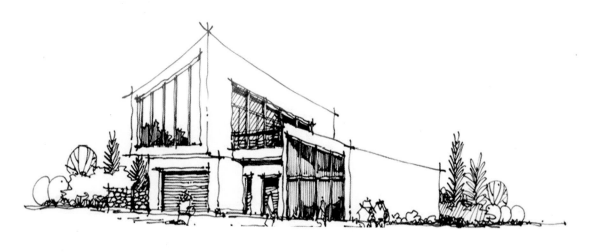

图 6-6　徒手绘制

续图 6-6

6.1.1　校园建筑

　　校园建筑因为是在学校里，一般不会像其他城市建筑那样形态各异，造型相对简洁规整，所以绘制起来一般更加顺利。表现校园建筑的时候首先选好角度进行构图，确定各部分比例，画出大致框架，然后表现出细节部分，比如建筑的质感、门窗、楼层及建筑名称等，同时还应该加上适当的植物等配景，让画面更加丰富。

　　范例一（武汉工程大学老校区图书馆）实景如图 6-7 所示，写生表现步骤如图 6-8 所示。

图 6-7　范例一实景

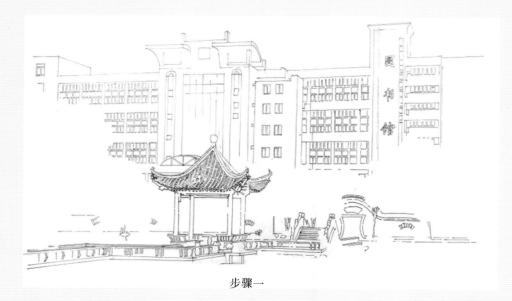

步骤一

步骤二

步骤三

图 6-8　武汉工程大学老校区图书馆写生表现步骤（徐伟）

步骤四

步骤五

续图 6-8

范例二(武汉工程大学老校区亭子)写生表现步骤如图 6-9 所示。

步骤一

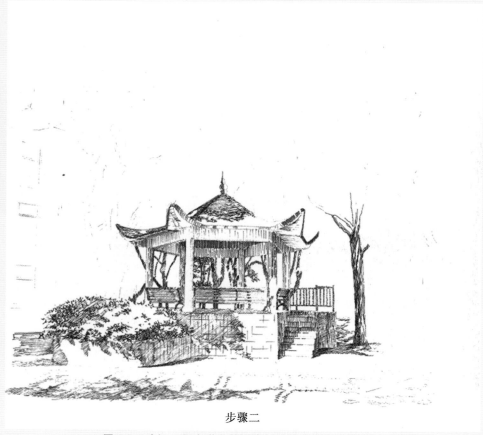

步骤二

图 6-9 武汉工程大学老校区亭子写生表现步骤(徐伟)

步骤三

步骤四

续图 6-9

综合赏析如图 6-10 至图 6-17 所示。

图 6-10 湖北大学知行学院大学生活动中心

图 6-11 湖北大学知行学院知化楼

图 6-12　湖北大学知行学院外水果摊

图 6-13　湖北商贸学院一角

图 6-14　湖北商贸学院艺术楼

图 6-15　湖北商贸学院图书馆

图 6-16　湖北大学知行学院体育馆

图 6-17　湖北大学知行学院艺术楼

6.1.2　城市大型建筑

　　城市大型建筑一般都采用框架结构,外墙材质多为混凝土、玻璃、木材、金属等,表现时除了应该注意对画面透视关系、结构比例关系、光影关系的把控,还应该对材质进行细致刻画。(见图 6-18 至图 6-20)

图 6-18　建筑速写一(来源:站酷　爱手绘大禹)

图 6-19　建筑速写二(来源:站酷　爱手绘大禹)

图 6-20　别墅表现(来源:站酷　爱手绘大禹)

表现城市大型建筑时必须要遵循的基本原则:

(1)造型一定要准确。造型能力不太强的绘画者,画前可以打铅笔稿定出建筑的透视线和大的结构关系。

(2)画面收边的处理要慎重。前景树及前景中其他植物刻画要细致,画面天际线切勿太平均。

(3)先确定画面的主要表达部分,重点刻画,再简单处理其他配景部分。

6.2　传统建筑

　　传统建筑分为中国传统建筑与外国传统建筑,一般造型较复杂,细节比较多,各部分的装饰性元素让建筑更具有艺术性,表现时多使用中长线及短线,多用曲线,线条自然,与现代建筑有明显的区别。

6.2.1　中国传统建筑

　　对于中国传统建筑,特别是乡村的砖瓦房,要表现出质朴的感觉。以安徽、江西和云南地区民居为例:安徽地区民居(见图 6-21)多为灰瓦白墙,表现的重点在墙头的瓦片及屋檐,墙面没有过多装饰,用线条画出墙体轮廓即可;江西婺源的民居(见图 6-22)跟安徽的有相似之处,但是江西传统民居多用裸露的砖墙,经过长时间的日晒雨淋,墙面会斑驳和出现青苔,有些位置还有残破现象,表现时可以抓住这些细节来刻画墙面的质感和肌理效果;云南传统建筑(见图 6-23 至图 6-29)则多为石砖墙体和木质墙体,屋顶为悬山顶,有翘角。

图 6-21　安徽宏村传统民居

图 6-22　江西婺源传统民居

图 6-23　云南朱家花园写生

图 6-24　云南建水古城写生一

图 6-25　云南建水古城写生二

图 6-26　云南建水古城写生三

图 6-27 云南建水古城写生四

图 6-28 云南团山村写生一

图 6-29　云南团山村写生二

6.2.2　外国传统建筑

外国传统建筑往往主次明确,高低错落,尖尖的穹顶、罗马柱、坡屋顶、砖墙、弧形窗户等都可能是标志性的元素,细节较多,需要仔细刻画。

外国传统建筑综合表现如图 6-30 和图 6-31 所示。

图 6-30　外国传统建筑表现欣赏

钢笔　俄罗斯圣彼得堡夏宫一景

钢笔　俄罗斯圣彼得堡斯莫尔尼修道院

图 6-31　外国传统建筑综合表现(徐伟)

钢笔　俄罗斯圣彼得堡冬宫广场

钢笔　俄罗斯圣彼得堡滴血大教堂

续图 6-31

钢笔　俄罗斯科学院

钢笔　　俄罗斯圣彼得堡阿芙乐尔号巡洋舰

续图 6-31

钢笔　俄罗斯圣瓦西里教堂

钢笔　　俄罗斯圣彼得堡教堂

续图 6-31